# 水果雕切与
# 摆盘装饰设计教程

[日] 根津有加里　著

刘丹　译

人 民 邮 电 出 版 社

北 京

# 目 录

# 何谓水果雕切

虽然色彩鲜艳的水果本身很美，但雕切可令其更加美丽、更方便食用。

## 激发对水果的购买欲

虽然水果含有丰富的维生素和矿物质，但许多人会因削皮麻烦而不愿购买。因此，果雕可激发人们对水果的购买欲。

## 发挥水果的魅力

在水果雕切中加入一些巧思，可将水果的魅力发挥得淋漓尽致。就算是一个极其普通的苹果，也能通过切片和摆盘，变成漂亮的玫瑰。

## 谁都能轻松挑战水果雕切

只需简单的道具和少量的时间即可进行水果雕切。对水果进行造型设计，可提高其附加价值。

# 必备工具

### 工具 01
### 水果刀

只需一把水果刀即可进行水果雕切。

### 工具 02
### 挖果器

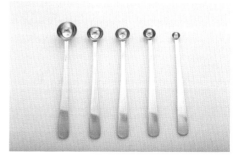

用于挖出圆形果球。有各种尺寸可供选择。

### 工具 03
### 去芯器

用于挖掉水果的果核或果芯，
也能用于雕切细长的果肉。

### 工具 04
### 造型器

用于雕切复杂的造型或大量相同的形状。

第 **1** 章

各种水果的
雕切方法

# 雕切容器造型

将水果雕切成容器造型，并将果肉放进容器中。可用橙子、奇异果、葡萄柚、香蕉、菠萝、苹果、柿子等进行雕切。但无论使用哪种水果，雕切方法都是一样的。

# 只使用果肉的盘饰

只使用果肉的盘饰，不仅赏心悦目，而且方便食用，
可选用柑橘类或其他需要去皮食用的水果制作。

# 雕切果肉和果皮

将果肉和果皮一起进行雕切，
每种水果的雕切方法各不相同。

# 使用果皮制作盘饰

将不能食用的果皮作为盘饰，
也能演绎出各种不同的效果。

# orange | 橙子

# 雕切容器造型

1 将橙子横向切成两半。

2 取一半，横向切除底部。

3 将水果刀插入果肉和果皮之间，然后沿着果皮边缘旋转一周，将果肉取出，果皮作为容器。

4 将之前切下的底部放入容器中。

5 将取出的果肉切成方便食用的大小。

6 将切好的果肉放入容器中。

第 1 章　各种水果的雕切方法　｜　17

# 雕切花卉造型

**1** 切除橙子的头尾两端。

**2** 从上至下削去果皮。

**3** 仔细削去白色部分。

**4** 将果肉切成瓣状。

**5** 将切好的果肉摆放整齐。

# 雕切扭转造型

**1** 将橙子横向切成 2 ～ 3mm 厚的片状。

**2** 将整个橙子切成宽度相同的片状。

**3** 沿橙子切片的中心向下划一刀。

**4** 前后扭转橙子切片并摆放整齐即可完成造型。

orange

# 雕切翅膀造型

**1 ~ 3** 将橙子纵向切成两半，再进行三等分。

**4** 将水果刀插入果肉和果皮之间，沿着果皮将其与果肉分离一部分。

**5** 沿着果皮斜划一刀，顶部不断开。

**6** 将划开部分的顶部插入果肉和果皮之间。

# kiwi fruit | 奇异果

# 雕切容器造型

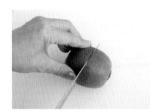

**1** 将奇异果横向切成两半。

**2** 将无蒂头的那半奇异果的底部切除。

**3** 将水果刀插入有蒂头的那一半奇异果中,并沿着果皮边缘旋转一圈,去除蒂头。

**4** 将水果刀插入果肉和果皮之间,然后沿着果皮边缘旋转一周,将果肉取出,果皮作为容器。

**5** 将取出的果肉切成两半。

# 雕切花卉造型

1 切除奇异果的头尾两端。

2 从上至下削去果皮。

3 将奇异果切成厚度合适、方便食用的
  片状。

4 将每片奇异果斜切成两部分。

5 将切好的果肉摆放成花卉的造型。

# 搭配其他水果

奇异果 × 葡萄柚

奇异果 × 香蕉 × 蓝莓

# grapefruit | 葡萄柚

# 雕切容器造型

**1** 将葡萄柚横向切成两半。

**2** 取一半,切除底部。

**3** 将水果刀插入果皮和果肉之间,并沿着果皮边缘旋转一周,将果肉取出,果皮作为容器。

**4** 将之前切下的底部放入容器中。

**5** 将取出的果肉切成方便食用的大小。

**6** 将切好的果肉放入容器中。

# 雕切花卉造型

1 去除葡萄柚的果皮。

2 将果肉切成瓣状。

3 由于葡萄柚的果肉容易出水，因此需在下方放一个盘子。

4 将切好的果肉摆成花卉造型。

# 雕切扭转造型

**1** 将葡萄柚横向切成 2 ～ 3mm 厚的片状。

**2** 沿葡萄柚切片的中心向下划一刀。

**3** 前后扭转葡萄柚切片并摆放整齐，即可完成造型。

# banana | 香蕉

# 雕切香蕉船造型

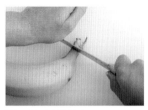

**1** 切除香蕉的蒂头。

**2** 在香蕉的顶部划一个口,注意不要切到果肉。

**3** 在香蕉皮上划一圈,注意不要切到果肉。

**4** 顺着刀痕剥除上方的　半香蕉皮。

**5** 从香蕉皮中取出果肉,去掉头部,切成厚度相等的片状。

**6** 将切好的果肉放在下方的一半香蕉皮上。

# 形状的雕切

**1** 剥掉香蕉皮，取出果肉。

**2** 将水果刀插入想要切开的地方，使该部分上下分离。

**3** 在想要切开的地方斜切一刀。

**4** 把香蕉翻到背面，换个角度再切一刀。

# 搭配其他水果

香蕉 × 草莓 × 葡萄 × 橙子 × 蓝莓

香蕉 × 奇异果 × 蓝莓

菠萝
# pineapple

# 雕切容器造型

**1** 去除菠萝叶,并将菠萝横向切成两半。

**2** 取一半,切除底部。

**3** 将水果刀插入果肉和果皮之间,并沿着果皮边缘旋转一周,将果肉取出,果皮用作容器。

**4** 将之前切下的底部放入容器中。

**5** 将取出的果肉切成方便食用的大小。

**6** 将切好的果肉放入容器中。

# 雕切菠萝船造型

**1** 扭转菠萝叶,取下菠萝头部。　**2** 将菠萝纵向切成两半。　**3** 取一半,纵向进行三等分。

**4** 切除菠萝芯。　**5** 将水果刀插入果肉和果皮之间,并沿着果皮边缘进行雕切。　**6** 取出果肉,切成均等大小。

**7** 将切好的果肉前后交错摆放在果皮上。

# 雕切波浪造型

**1** 切除菠萝芯。

**2** 将菠萝切成大约 1cm 厚的片状。

**3** 将水果刀插入果皮与果肉之间，切至 2/3 的位置。

**4** 将菠萝放正，并斜切去除一部分果皮。

# apple | 苹果

# 雕切花卉造型

**1** 切下苹果蒂头侧的上半部分。

**2** 去除蒂头，在切下的上半部分切 V 字。

**3** 逆时针进行雕切。

**4** 沿着切好的部分，插入水果刀在两个 V 字之间切八字。

# 雕切扇子造型

1 切除苹果的头尾两端，用去芯器去除果核。

2 将苹果切成大约 1cm 厚的片状，并在上面切 V 字。

3 逆时针切一圈 V 字。

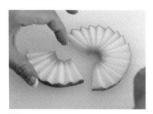

4 从苹果片上切下适合作为扇子造型的大小。

5 调整形状。

apple

# 雕切格子造型

1 将苹果纵向切成两半。

2 取一半，纵向对半切。

3 将其中一部分切成大约1cm厚的片状。

4 将苹果片叠在一起，用水果刀划出格子造型。

5 在果皮和果肉之间插入水果刀，间隔去除果皮。

6 调整苹果片的位置，使之呈现出格子造型。

# persimmon | 柿子

# 雕切容器造型

**1** 切除柿子的头部。

**2** 切除柿子的底部。

**3** 将水果刀插入果皮和果肉之间，并沿着果皮边缘旋转一周，将果肉取出，果皮作为容器。

**4** 将之前切下的底部放入容器中。

**5** 将取出的果肉切成方便食用的大小。

**6** 将切好的果肉放入容器中。

第 1 章　各种水果的雕切方法　｜　41

# 果皮的雕切

1 将柿子纵向切成两半。

2 取一半，纵向进行四等分。

3 将柿子放正，将水果刀插入果皮和果肉之间，切至 2/3 的位置。

4 斜切去除一部分果皮。

5 可多留一些果皮。

# 搭配其他水果

柿子 × 葡萄

柿子 × 苹果

※ 使用冷冻柿子进行雕切

# 适合使用挖果器的水果

若想进行球体雕切，可使用挖果器。
挖果器有各种尺寸，请根据需要进行选择。

1 将西瓜横向切成两半。

2 取一半切除底部。

3 将水果刀插入果皮和果肉之间，并沿着果皮边缘旋转一周，将果肉取出，果皮作为容器。

4 将之前切下的底部放入容器中。

5 用挖果器挖出西瓜果球。

6 将挖出的果球放入容器中。

# 适合使用造型器的水果

造型器的种类非常丰富。虽然只用水果刀也可进行雕切，
但若使用造型器，就能雕切出更多的造型。

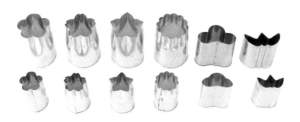

造型器的种类繁多，请根据主题进行选择。

### 露出海面的海豚

将香蕉横向对半切，取有蒂头的一半，并在顶端划一刀，使其看上去像是海豚的嘴巴，然后在"嘴巴"中间放一颗蓝莓。同时利用果皮的变色现象打造出海豚的眼睛。

## 色彩缤纷的西瓜蛋糕

在十分常见的西瓜切片上摆放各种颜色的水果，西瓜就变成了色彩缤纷的蛋糕。西瓜的果肉为红色，摆放橙子、蓝莓、奇异果、葡萄、车厘子等水果后，看上去颜色比较协调，可打造出十分华丽的西瓜蛋糕。

凶神恶煞的鲨鱼西瓜

**1** 为了让西瓜立稳，切除部分果肉。

**2** 切面越大，西瓜立得越稳。

**3** 待西瓜立稳后，在西瓜中部位置切 V 字，作为"鲨鱼嘴巴"。

**4** 将水果刀插入果肉和果皮之间的白色部分，沿果皮进行雕切。

**5** 在"鲨鱼上嘴唇"的部位插入水果刀进行雕切。

**6** 切除"鲨鱼上嘴唇"部位的绿色果皮部分。

**7** 将白色果皮雕切成锯齿状，作为鲨鱼的牙齿。

**8** 鲨鱼下嘴唇使用同样的方法进行雕切。

**9** 雕切出鲨鱼的眼睛即可完成造型。

# 做出美丽切片的水果

只需将薄薄的水果切片摆放在一起，它们就能成为焦点。

grape
葡萄

apple
苹果

# 活用配饰

蓝莓、薄荷、菠萝叶作为配饰，可起到为果雕作品画龙点睛的作用。

blueberry
蓝莓

mint
薄荷

pineapple leaves

菠萝叶

**1** 取下菠萝叶。

**2** 去除底部。

**3** 调整形状。

**4** 在距离叶子边缘 5mm 处划一圈。

**5** 去掉叶子的中间部分，只保留外侧边缘部分。

# 通过巧思改变整体氛围

利用器皿、餐巾、配饰、摆盘等改变整体氛围。

只需改变摆放在橙子容器中的水果品种，就能呈现出截然不同的风格。

# 剩余水果的使用

可将雕切水果时剩下的水果制成沙冰。若加入菠菜、芥蓝等蔬菜，其营养价值会更高。在榨汁机里放入雕切水果时剩下的水果，再加入牛奶或豆浆榨30s，匆忙的早晨，也能快速摄取大量的营养物质！

第 **2** 章

不同场合的
创意果雕

MENU

# 火腿
# 佐杧果小点

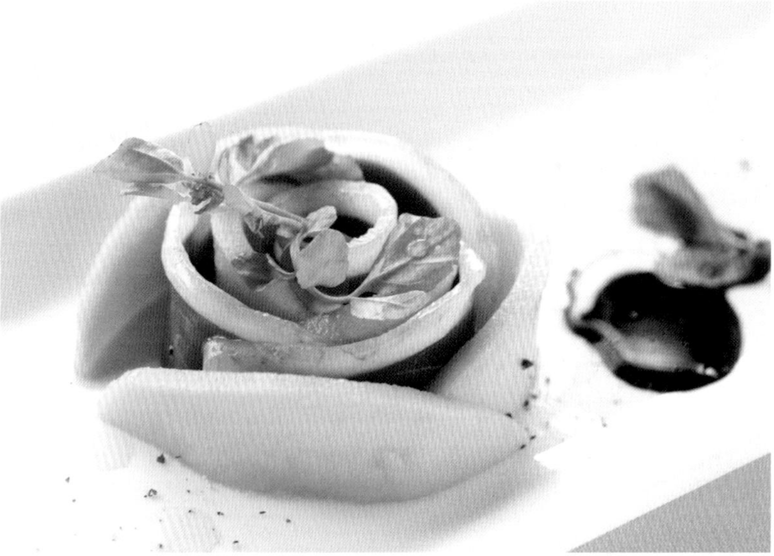

将火腿和杧果切片摆成花卉造型。将杧果切片（参考 P155），再与火腿交错摆成花卉造型。

# 水果 × 意大利菜

MENU

# 海鲜佐白桃腌制冷盘

白桃的甜味竟然意外地和海鲜非常搭！还可将白桃切片后放在生牛肉片上，做成同样的冷盘料理。

MENU

# 意大利细冷面

## 西班牙冷汤搭配西瓜和星鳗的冷汤凉面

西瓜属葫芦科，十分适合入菜。特别是西瓜含有大量的水分，与西班牙冷汤特别搭。此外，西瓜爽脆的口感也会让人回味无穷。炎炎夏日，请尝试将西瓜加入料理当中。

MENU

# 炸太刀鱼

## 李子佐彩色番茄

李子和彩色番茄的颜色完美融合。因为李子
比桃子酸，所以其日文名为"酸桃"。将李
子切成方便食用的大小，享受它的口感和酸
味吧。

MENU

# 和豚麻薯里脊肉佐菠萝

## 烤制马背奶酪

在制作糖醋里脊时通常会放入一些菠萝，可见
猪肉与菠萝非常搭。有时也不妨把菠萝放在料
理中央作为主角（雕切方法请参照 P33，注意
要将菠萝芯去掉。）

MENU

# 生火腿佐哈密瓜

生火腿和哈密瓜的盘饰显得特别时尚。先将
生火腿卷成花卉造型，再用挖果器挖出哈密
瓜果球，围在生火腿四周，做成一朵美丽的
花儿。只需花费一点儿功夫，就能完成这道
宴客料理。

MENU

# 葡萄柚佐扇贝的
# 餐前点心

葡萄柚与沙拉等料理很搭。使用葡萄柚、扇贝、
豆瓣菜就可轻松做出餐前点心。

MENU

# 番茄火龙果章鱼沙拉

火龙果的味道比较淡，不会影响其他水果的味道。使用火龙果、番茄、章鱼可做出赏心悦目的沙拉。

MENU

# 无花果沙拉

无花果含有丰富的膳食纤维。虽然火龙果沙拉
也很有人气，但略带甜味的无花果搭配红酒、
奶酪和沙拉，堪称一绝。

MENU

# 水果吐司

在吐司上涂抹马斯卡彭奶酪，再摆上一点儿
水果，即可做成水果吐司。它不仅营养丰富，
而且能切成小块招待客人！

MENU

# 用酒枡享用水果和日本酒

日本酒和水果的组合颇具人气。试着在水果
味的日本酒中加入新鲜水果，享受日式桑格
利亚酒。

MENU

# 水果莫吉托

一到炎炎夏日，莫吉托就颇具人气。在莫吉托中加入薄荷和青柠等新鲜水果，一起饮用，不仅能品尝到水果淡淡的甜味，还能摄取丰富的维生素，不失为一杯沁人心脾的饮料。

MENU

# 西瓜鸡尾酒

虽然也可以在利口酒中放入西瓜直接进行调制，但对于不能喝酒的人而言，用果汁机把西瓜榨成果汁就能尽情享用了。别忘了在杯子边缘抹上一圈食盐哦。

MENU

# 排毒水

排毒水在国外是一款很常见的饮品，可试着加入薄荷和当季水果一起享用。只需加入色彩缤纷的水果，它就能变成一款赏心悦目的时尚饮品。

MENU

# 酒吧里的水果下酒菜

可以把水果作为下酒菜与美酒一起享用，重点
是要将水果切成方便食用的大小。

# Reception party │ ①

**自助式派对①**

1 自助式派对最重要的就是要将食物切成方便食用的大小，并根据主题进行盘饰。2 将葡萄装在酒枡里，使葡萄看起来十分高雅。3 加入翅膀造型果雕，赋予灵动性。4 营造气氛的装饰必不可少。5 在奇异果上摆放樱桃，增添华丽感。

# Reception party | ②

## 自助式派对②

举办自助式派对的基本前提是要将食物切成方便食用
的大小。汤匙型的容器不仅便于客人取用，其本身也
是一种精美的装饰。此外，可以通过容器的颜色和灯
光营造出想要的氛围。

# Birthday party

生日派对

1 生日派对必须营造出大家可以一起手舞足蹈的欢乐气氛。
2 3 使用星星造型的装饰纸片，营造晚会的奢华感。4 若有很多客人，可将葡萄和树莓等水果装入有质感的小型容器里招待客人。5 6 建议将水果分装在不同的容器中，便于客人拿取。

# Halloween

万圣节

一说到万圣节，大家就会想到南瓜灯和"不给糖就捣蛋"的习俗。使用造型器和水果刀将橙子雕切成南瓜灯的样子，打造独一无二的万圣节吧。

# Wedding
婚礼

1 以婚礼为主题，打造精美的盘饰。2 在橙子容器上缠绕丝带。3 在玻璃杯中装入香槟果冻、一口大小的水果和切成心形的草莓。4 用两种不同颜色的火龙果花卉造型营造出喜气洋洋的气氛。

Column

# 将剩余水果做成果冻保存

若水果有剩余，建议将其做成果冻。将剩余的水果放入容器，再加入兑水后的浓缩糖浆，并放入吉利丁粉凝固即可完成制作。若想做成凝冻，只需在容器底部制作一层薄薄的果冻，待其凝固后再用勺子将其弄碎，操作方法十分简单。在炎热的夏季，用冷冻后的果冻制作的刨冰也十分美味。

第 $3$ 章

创意果雕的四季

# spring | 春

( 要点 | 春 )

一说起日本春日，我们就会想到
粉色。使用具有春日气息的彩色
水果做成果雕，再用樱花造型的
果雕点缀。

# spring | 春

**要点 | 春**

在温暖的春季，使用颜色鲜艳的水果做成果雕，
再用蝴蝶造型的果雕点缀，可表现生机勃勃的
春日气息。

**要点 ｜ 4月**

制作水果踏青便当，可用挖果器挖出果球，再
点缀上樱花花瓣造型的果雕。

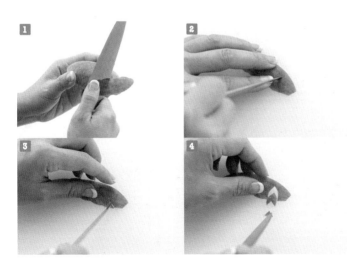

用水果刀小心切下
部分果皮，雕切出
樱花花瓣造型。

（要点｜4月）

以夜间赏花为主题。使用造型器将水果雕切成
樱花造型，若再用水果刀稍做加工，就能使樱
花造型更加逼真。可尝试将各种水果雕切成樱
花造型。

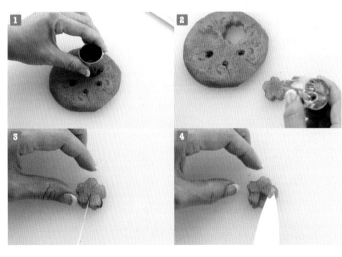

使用造型器将水果
雕切成樱花造型。
之后再用水果刀稍
做加工，使其更加
逼真。

**要点 | 5 月**

一说到日本的 5 月，我们立马就会想到日本的
男孩节。将草莓和葡萄柚切片后两两相叠摆放，
仿佛是在空中飞扬的鲤鱼旗。

**1** 将葡萄柚切成两半，再取一半
进行三等分。

**2** 取三等分之一，切除果肉的白
色部分。

**3** 将水果刀插入果皮和果肉之间，
取出果肉。

**4** 将果肉切片。

**要点 | 5 月**

在母亲节，除了向母亲赠送卡片表达感谢之意，
还可以赠送花朵造型的草莓果雕。

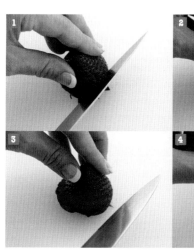

将草莓蒂头朝下，并
在靠近蒂头的位置插
入水果刀进行雕切。
为了雕切出花瓣造
型，可以将开口弄得
稍大一些。

**要点 | 6月**

一说到6月，我们就会想到绣球。色彩艳丽的
葡萄与绣球的颜色十分相近，可将葡萄雕切成
美丽的绣球造型。

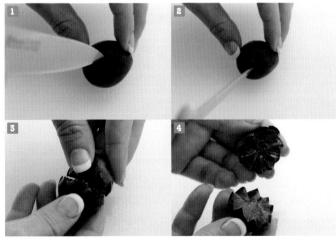

朝着葡萄的中心插
入水果刀，雕切出
一圈锯齿状，上下
分离葡萄。

（要点｜6月）

6月的第三个星期日是父亲节。在这一天，用美酒和小菜慰劳一下辛苦的父亲吧。在日本，父亲节历来有向父亲赠送黄色花朵的习俗。可尝试使用黄色苹果雕切出美丽的花朵造型。

**1** 将苹果纵向切成两半，再取一半对半切。

**2** 在距离边缘 2~3mm 处，从外侧向中心垂直插入水果刀进行雕切，不完全切开。

**3** 另一侧也用水果刀按照同样的方法进行雕切，取出中间部分。

**4** 用水果刀对剩余的部分按照同样的方法进行雕切。

**要点 | 夏**

以凉风习习的大海和七夕的点点繁星为概念，
打造配色清爽的果雕作品。

# summer | 夏

要点 | 夏

黄澄澄的葡萄柚仿佛太阳一样，再配上夏季的哈密瓜，使用闪闪发光的容器盛放，如同在阳光照射下波光粼粼的海面，具有浓浓的夏日气息。

**要点 | 7月**

海之日，是日本的一个法定节日。在暑假和孩子一起用水果雕切出企鹅等造型，然后在餐盘上装饰出一片大海吧。

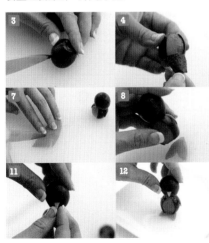

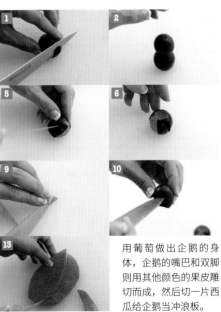

用葡萄做出企鹅的身体，企鹅的嘴巴和双脚则用其他颜色的果皮雕切而成，然后切一片西瓜给企鹅当冲浪板。

**要点 | 7月**

日本在 7 月也有一个七夕节。试着将当季水果
雕切成许愿签造型吧!

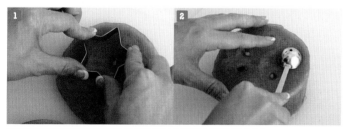

只需使用造型器和挖果器就能打造出风格截然不同的果雕作品。

8 月 | August | 用绿色水果打造凉风习习的竹林

要点 | 8月

挖出长条状的哈密瓜果肉，做成竹林。若想将水果雕切成这样的细长状，建议使用去芯器。

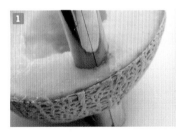

使用去芯器挖出长条状的哈密瓜果肉，斜切果皮，利用哈密瓜果肉打造出翠绿的竹林。

将葡萄切片用作装饰。

**要点 | 8 月**

一到 8 月，日本各地都会举办烟火大会。用水
果切片盘饰成一大朵花儿，再点缀翅膀造型的
果雕，增强灵动感，给人以烟火绽放的感觉。

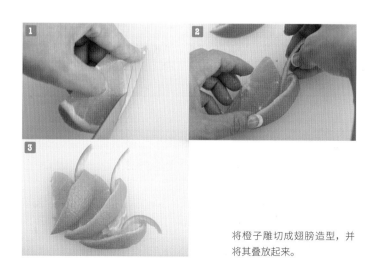

将橙子雕切成翅膀造型，并
将其叠放起来。

**1** 切除梨的外部，将其雕切成一个立方体。

**2** 将水果刀插入梨的内侧进行雕切。

**3** 去掉梨芯。

**4** 取步骤 **1** 切下的外侧部分制作四角底座。

**5** 用步骤 **1** 切下的果肉雕切出玉兔造型。

**6** 为了让玉兔更加立体，用挖果器挖出一块半球体果肉。

**7** 将此半球体果肉放在玉兔造型上。

**8 9** 用步骤 **3** 挖出的梨芯雕切出玉兔的身体。

**10** 在四角底座上摆上月亮和放团子的台子，再按顺序放上团子和玉兔即可完成。

---

**（要点｜9 月）**

梨的颜色有黄绿色、黄色等，且梨的大小不一。
在对梨进行雕切时，可以充分利用这一特点。
若想雕切出球体造型，建议使用挖果器。

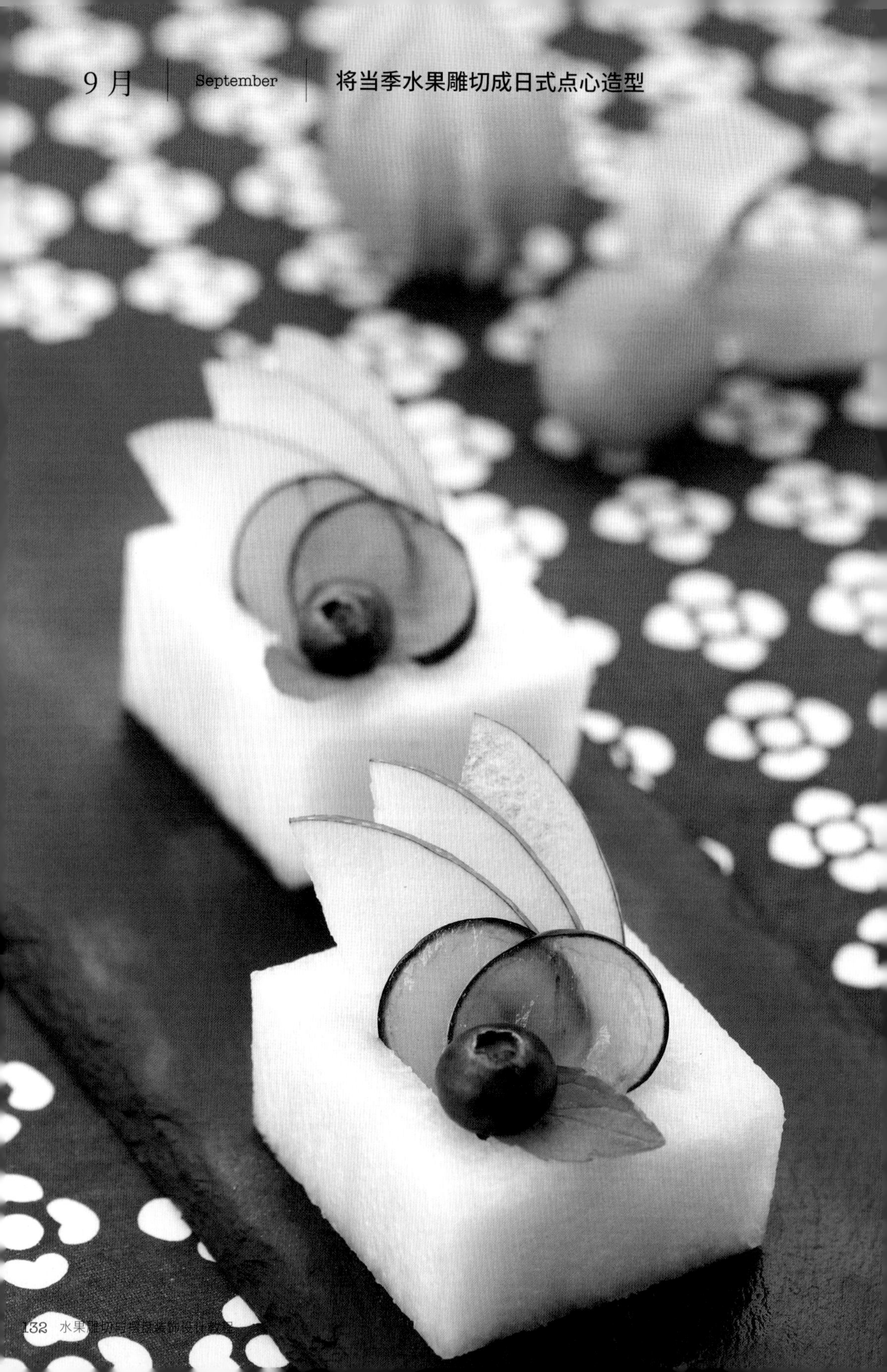

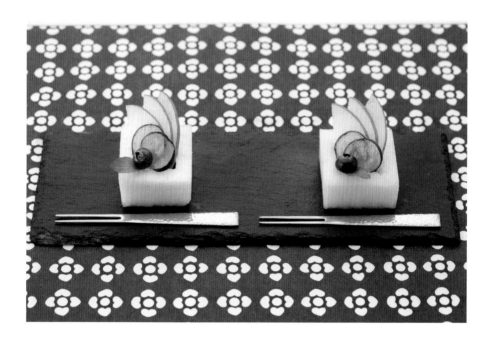

**要点 | 9 月**

这里使用的是梨和葡萄等当季水果，通过精致
的水果雕切呈现出日式点心的雅致风格。

要点 | 秋

以秋天为主题，使用较多色彩浓厚的水果，
并在周围点缀枫叶、银杏叶造型的果雕。

# autumn | 秋

**要点｜秋**

除了用血橙可食用的果肉制作果雕之外，也可
将其颜色与枫叶颜色相似的果皮雕切成落叶造
型进行画面点缀。

10 月 | October | 让秋之甜味更加可口

**要点｜10 月**

一说到秋天的水果，我们就会想到柿子。可将
柿子雕切成容器造型，再装入用挖果器挖出的
果肉，球体果肉看起来就像是赏月时吃的团子。

**1** 切除底部，将水果刀插入果皮
与果肉之间围绕一周，挖出果
肉，果皮作为容器。

**2** 用挖果器在取出的果肉中挖出
果球。

**3** 将果球装入容器。

**4** 取菠萝叶，在距离叶子边缘
5mm 处划一刀。

**5** 除去菠萝叶的中间部分，只留
下边缘部分。

**6** 将其作为装饰。

**要点 | 10 月**

以运动会为主题，将橙子和葡萄柚雕切成华丽的翅膀造型，再用挖果器将其他水果雕切成果球或用水果刀将其切成方便食用的大小。

# 用小蘑菇和落叶造型的果雕打造秋日美景

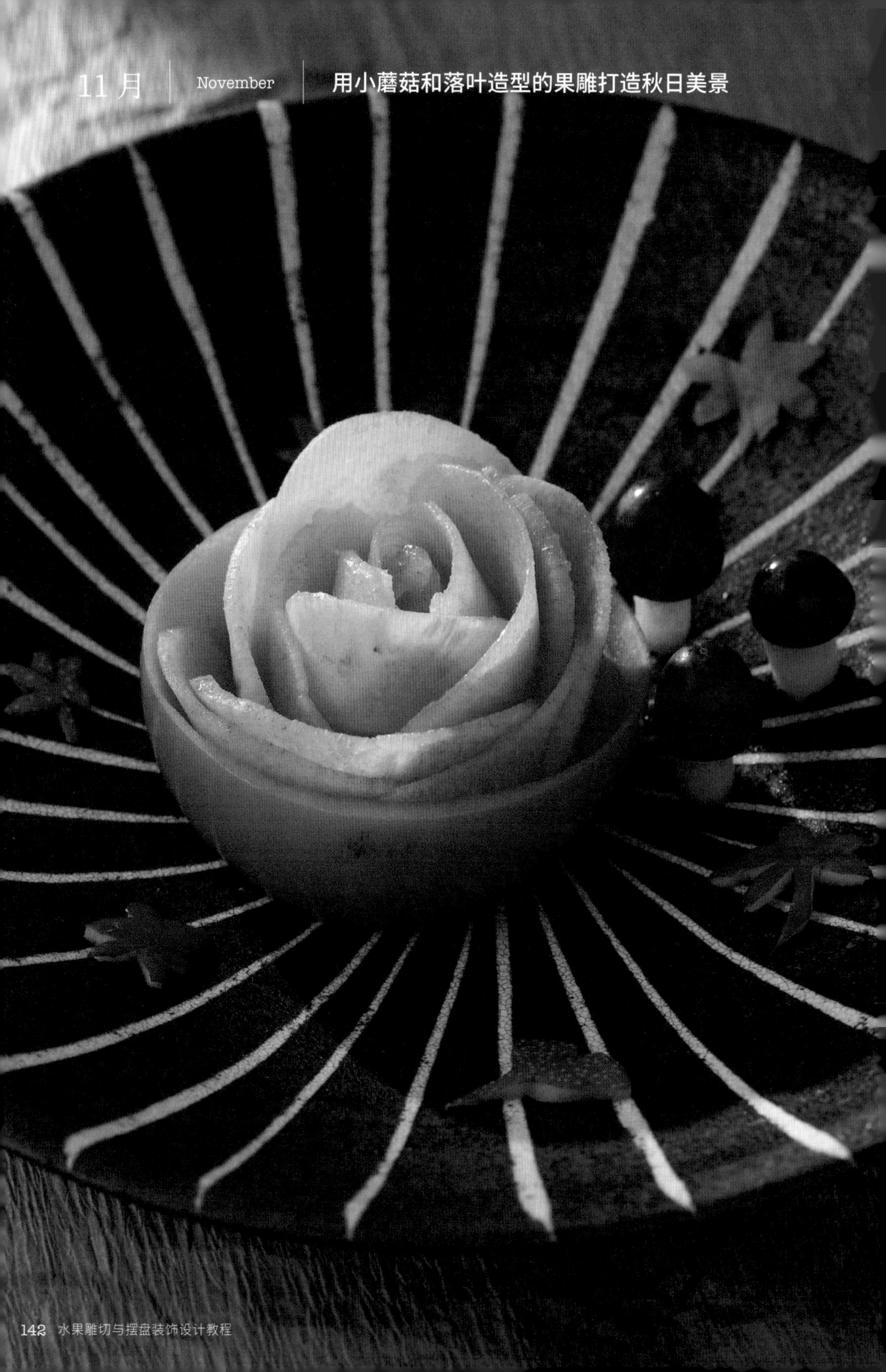

**要点 | 11 月**

可用造型器将多种水果皮雕切成落叶造型。用
去芯器将梨雕切成香菇的菌柄，再将葡萄对半
切开作为香菇的菌盖，即可完成造型制作。

要点 ｜ 11 月

将梨和葡萄做成的果雕摆放在餐盘上。只需将
其切片，就能营造出截然不同的氛围。

# 将鲜红的苹果雕切成装饰品

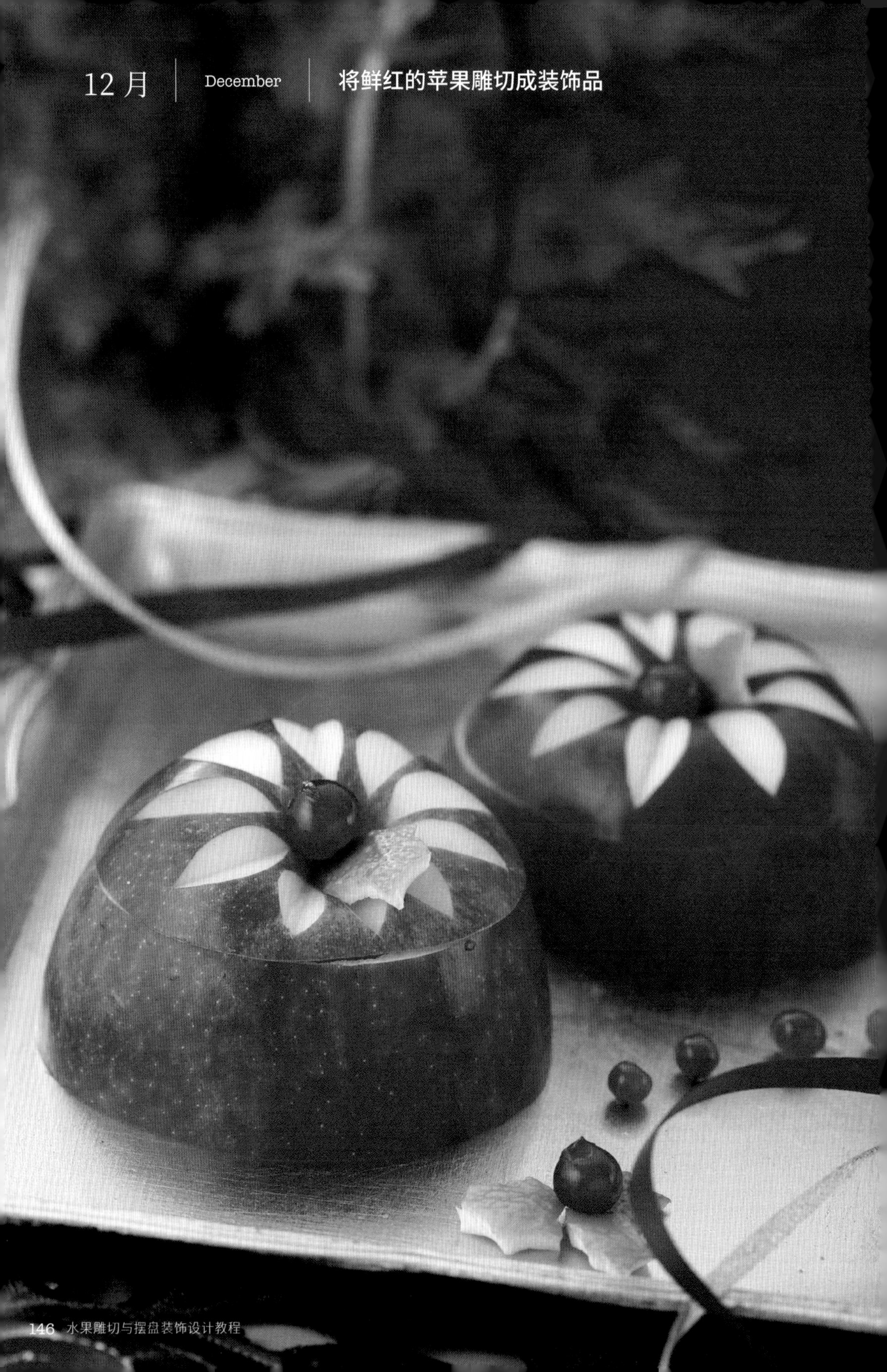

（要点 ｜ 12 月）

12 月 25 日是圣诞节。可以将苹果雕切成圣诞
装饰品，苹果的红色与圣诞节的氛围非常契合。

**1** 切除苹果的上、下部分，并将
剩下的部分横向切成两半。

**2** 将水果刀插入果肉和果皮之间，
然后沿着果皮边缘旋转一周。

**3** 取出果肉，将其切成小块后再
放回去。

**4** 将苹果的上部作为盖子，并按
图示进行雕切。

要点 | 12月

圣诞花圈是圣诞节必不可少的装饰品。可在去
除果肉的菠萝容器造型中摆放各种颜色的水果，
盘饰成一个色彩缤纷的圣诞花圈。

**要点｜冬**

在日本，一到冬天，就感觉离新年不远了。可
使用红、白两种颜色的各种水果营造出喜气洋
洋的新年气氛。

（ **要点** ｜ 冬 ）

在日本，情人节可谓冬天里不容忽视的一个节
日。将各种水果雕切成爱心形状，两人一起甜
蜜地享用吧。

**要点 | 1月**

把杧果雕切成鲑鱼花造型，并把蓝莓当作黑豆，把苹果雕切成格子造型，再将柿子制作成柿子泥，当作栗子浪。

**1** 将杧果切成两半。

**2** 取无核的一半切除底部。

**3** 将水果插入果皮和果肉之间，沿着果皮边缘切，取出果肉。

**4** 将果肉纵向切片。

**5** 将切片后的果肉按图示摆放整齐。

**6** 将果肉卷成花朵形状。

**7** 调整形状即可完成。

## 1月 | January | 日本新年不可缺少的年糕汤

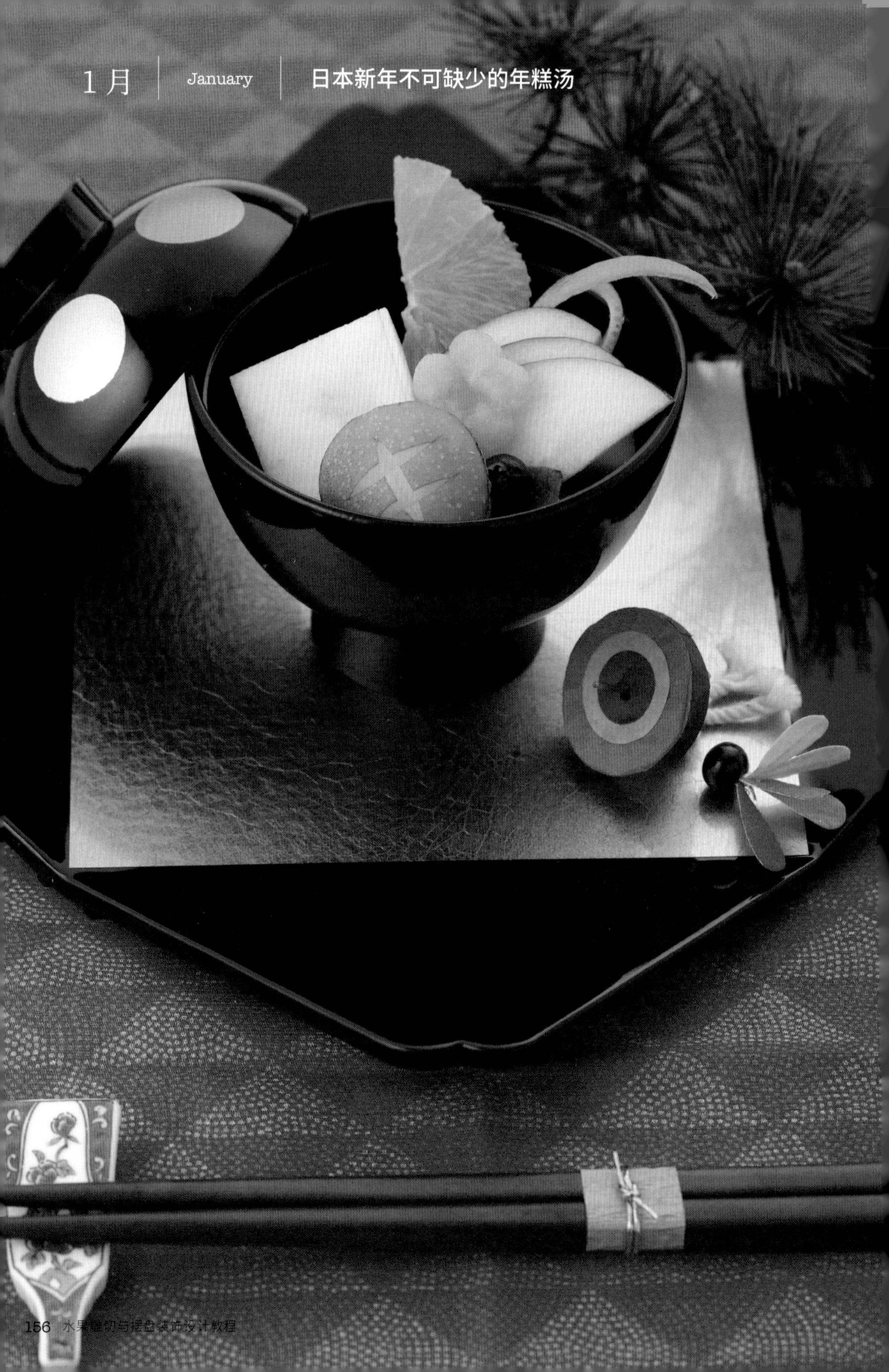

（要点 ｜ 1 月）

把梨雕切成年糕、香菇造型，把橙子雕切成
翅膀造型作为虾，并把苹果切片当作鱼板，
再将柿子雕切成花朵造型。

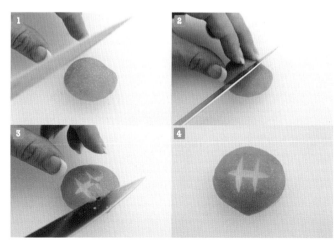

将梨切下一片，并在皮上
划几刀，作为香菇的菌盖。

**要点 | 2 月**

将苹果雕切成酒升，再用挖果器挖出果肉作
为豆子。

1️⃣ 将草莓纵向切成两半。

2️⃣ 在蒂头处切Ⅴ字，除去蒂头。

3️⃣ 切除前端果肉，调整形状。

4️⃣ 去除两侧果肉，调整曲线部分。

5️⃣ 稍做调整，使其看起来更像心形。

**要点 | 2月**

在凝冻（做法参考P100）上装饰水果。雕切成爱心形状的草莓可增添情人节的甜蜜气氛。

**1** 将菠萝切成适当的大小。

**2** 切出约 2cm 厚的片状。

**3** 插入水果刀，将菠萝雕切成屏风造型，注意要去皮。

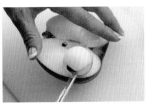

**4** 用挖果器在对半切开的苹果上挖出苹果果球，作为人偶的头部。

**5** 切除草莓的蒂头和尖端，作为人偶的身体。

**6** 将苹果果球放在草莓上，并进行固定。

**7** 削下梨皮，做成人偶的笏板。

**8** 将草莓雕切成皇冠造型。

**9** 调整形状即可完成。

（**要点** | 3 月）

将水果雕切成人偶造型。由于水果本身含有水分，因此，无须使用牙签就能加以固定。

要点 | 3 月

菠萝和奇异果要切成方便食用的大小。
尝试制作能在户外享用的水果便当吧。

# 水果雕切　Q&A

**Q.1**　哪种水果刀适合雕切水果？此外，水果刀是否需要经常保养呢？

A. 我使用的是长 130mm 的水果刀，大约 1 周保养 1 次（但在工作或授课前一定会磨刀），刀越锋利，雕切起来就越容易。

**Q.2**　想要深入学习水果雕切的话，是否需要报名相关培训呢？

A. 虽然也可以通过书籍学习，但有些内容是书籍无法传达清楚的。因此，若想要深入学习水果雕切，建议报名相关培训。

**Q.3**　在哪里购买水果比较好呢？一定要去蔬菜店或水果店购买水果吗？

A. 并没有说一定要在某个地方购买水果。我们几乎每天都要吃水果，在附近的超市购买就可以了。

**Q.4**　挑选用于雕切的水果时，有哪些需要注意的地方？要注意果皮的颜色，还是要注意挑选当季水果？

A. 就我个人而言，我会根据目的来选择水果。若是要在授课时使用，则会选择购买方便的水果。若是要创作果雕作品，则会根据季节或形状来做决定。但出于创作特殊果雕作品的需要，有时我也会选择非当季的水果。

**Q.5**　在进行水果雕切时，盘饰是非常重要的，是否需要具有良好的品位？

A. 品位固然重要，但只要勤加练习，也能提升自己的品位。

**Q.6**　在进行盘饰时，有哪些需要注意的地方呢？

A. 要注意"堆高"，就是要将中间堆高。还要注意将同种水果摆放在一起，考虑整体的平衡。

**Q.7** 用多种不同的水果进行盘饰时，是否要考虑搭配问题？那么，最佳搭配是怎样的呢？

A.由于水果种类繁多，且有季节之分，因此，没有什么所谓的最佳搭配。例如，放入红色水果就会显得很华丽，放入冷色系水果就会显得很稳重。请根据自己想要营造的氛围选择水果的种类和盘饰方法。

**Q.8** 盘饰时，哪种水果最好用呢？

A. 橙子。因为它不仅一年四季都能买到，而且十分适用于整体盘饰。

**Q.9** 经常听到的"水果雕刻"是另外一种果雕方法吗？

A. 由于两者同样都是使用水果进行创作，因此经常被归为同一类。

**Q.10** 除了书中介绍的工具之外，还有其他便利的工具吗？

A. 现在，雕切工具不断推陈出新，或许市面上已经出现了更加便利的工具，大家不妨多加留意。

**Q.11** 除了用在派对中，果雕作品也是一个很适合拿来送人的礼物。将果雕作品当作礼物时，有什么需要注意的呢？

A. 经过雕切后的水果要尽早食用，同时果雕尽量装在可以保鲜的容器中。并且考虑到可能要搬运或携带，因此要尽量使用盘饰时不容易崩塌的水果。

**Q.12** 选择用来盛放果雕的盘子时，有什么需要注意的吗？

A. 可根据需要展现的风格选择盘子。若想要展现日式风格，就选择日式餐盘；若想要营造出清凉感，就选择玻璃盘。不仅是餐盘，就连餐垫也要精挑细选，这样呈现出来的风格会截然不同。

**Q.13** 想做果雕给孩子吃，有哪些需要注意的地方呢？

A. 首先要方便食用，其次要有趣，这两点特别重要。孩子都喜欢卡通人物，因此，可以做卡通人物造型的果雕。同时出于安全性的考虑，最好不要使用牙签。

# 后记

感谢各位读者购买本书。

我一直以来都认为"长时间工作是一种美德",所以我总是整日埋头工作。然而,在工作中,我又萌生了"难道要把这仅有一次的人生全都奉献给工作吗?"的想法,因此我下定决心做自己喜欢的事,开始走上童年时代最感兴趣的艺术之路——进行水果雕切。

另外,我要感谢为本书摄影和提供餐具的 Primitive 陶舍、花·花公司、TOMONARI 股份有限公司,和一直以来为我提供水果和饮食创意的 Enoteca Fruttificare 餐厅,还有给我提供非当季水果的 AOI 农场,以及长期协助我摄影和帮忙编辑本书的每个人。最后,我还要感谢为本书设计封面的田中直美小姐,以及给予我此次机会的木村太郎先生。若没有遇见他们,这本书可能无法问世。在此我表示由衷的感谢。

我也衷心希望购买本书的各位读者今后能拥有更加丰富多彩的人生。

图书在版编目（CIP）数据

水果雕切与摆盘装饰设计教程 / （日）根津有加里著；
刘丹译. -- 北京：人民邮电出版社，2023.3
ISBN 978-7-115-60430-9

Ⅰ．①水… Ⅱ．①根… ②刘… Ⅲ．①水果－装饰雕
塑－教材 Ⅳ．①TS972.114

中国版本图书馆CIP数据核字(2022)第214583号

**摄影协作店家**

Enoteca_Frutteria_ Stagione_Fruttificare 东京都新宿区神乐坂6-8-18

Comfort 神奈川县川崎市多摩区生田7-11-8

Primitive陶舍 花·花 岐阜县瑞浪市上野町3-40

TOMONARI股份有限公司

AOI农场 大阪府和泉市葛之叶町3-3-11

## 内 容 提 要

丰富的水果摆盘为水果装饰艺术提供了无限的可能！如果你也希望这些精致美味的水果甜品能为你的家人带来美好而治愈的一天，不妨翻开这本书看一看吧！

本书分为3章，第1章讲解了橙子、奇异果、葡萄柚、香蕉、菠萝、苹果、柿子等常见水果的雕切方法，第2章展示了将水果作为菜肴配菜时的设计装饰效果，第3章则示范了一年四季中不同时节与节日的果盘设计与制作方法。

本书通过步骤图演示了每一种水果的雕切技法，不仅讲解了果盘设计思路，还讲解了水果的雕切过程。本书内容丰富，步骤清晰，可读性强，不仅适合作为专业读者的案头书，也可供大众学习实践。

◆ 著 ［日］根津有加里

译 刘 丹

责任编辑 王 铁

责任印制 周昇亮

◆ 人民邮电出版社出版发行 北京市丰台区成寿寺路 11 号

邮编 100164 电子邮件 315@ptpress.com.cn

网址 https://www.ptpress.com.cn

雅迪云印（天津）科技有限公司印刷

◆ 开本：690×970 1/16

印张：10.5 2023 年 3 月第 1 版

字数：230 千字 2023 年 3 月天津第 1 次印刷

著作权合同登记号 图字：01-2022-1880 号

定价：79.90 元

读者服务热线：(010)81055296 印装质量热线：(010)81055316

反盗版热线：(010)81055315

广告经营许可证：京东市监广登字 20170147 号